Die Blätter heimischer und kultivierter Laubbäume

im Vergleich

QUELLE & MEYER
BESTIMMUNGSKARTEN

BLATTFLÄCHE EINFACH, BLATTRAND (FAST) GLATT

1. Apfelbaum
Malus domestica

2. Birnbaum
Pyrus communis

3. Quittenbaum
Cydonia oblonga

4. Rot-Buche
Fagus sylvatica

5. Bruch-Weide
Salix fragilis

6. Silber-Weide
Salix alba

7. Gewöhnliche Traubenkirsche
Prunus padus

8. Hänge-Birke
Betula pendula

9. Berg-Ulme
Ulmus glabra

10. Feld-Ulme
Ulmus minor

11. Flatter-Ulme
Ulmus laevis

12. Esskastanie
Castanea sativa

13. Grau-Erle
Alnus incana

14. Schwarz-Erle
Alnus glutinosa

15. Sommer-Linde
Tilia platyphyllos

16. Winter-Linde
Tilia cordata

41. Schwedische Mehlbeere
Sorbus intermedia

42. Elsbeere
Sorbus torminalis

43. Ginkgobaum
Ginkgo biloba

44. Amberbaum
Liquidambar styraciflua

45. Eingriffeliger Weißdorn
Crataegus monogyna

46. Zweigriffeliger Weißdorn
Crataegus laevigata

47. Zitter-Pappel
Populus tremula

48. Silber-Pappel
Populus alba

BLATTFLÄCHE LAPPIG G
DEUTLICH GEKERBT, GEZACK

33. Ahornblättrige Platane
Platanus x hispanica

34. Silber-Ahorn
Acer saccharinum

35. Berg-Ahorn
Acer pseudoplatanus

36. Spitz-Ahorn
Acer platanoides

37. Feld-Ahorn
Acer campestre

38. Fächer-Ahorn
Acer palmatum

39. Felsenbirne
Amelanchier ovalis

40. Tulpenbaum
Liriodendron tulipifera

CH GEZACKT, GEZÄHNT ODER GEBUCHTET

17. Rot-Eiche
Quercus rubra

18. Stiel-Eiche
Quercus robur

19. Trauben-Eiche
Quercus petraea

20. Mehlbeere
Sorbus aria

21. Hainbuche
Carpinus betulus

22. Vogelkirsche
Prunus avium

23. Schwarz-Pappel
Populus nigra

24. Sal-Weide
Salix caprea

BLATTFLÄCHE GEFIEDERT ODER FINGERFÖRMIG GETEILT

25. Eberesche, Vogelbeere
Sorbus aucuparia

26. Speierling
Sorbus domestica

27. Robinie
Robinia pseudoacacia

28. Götterbaum
Ailanthus altissima

29. Gewöhnliche Esche
Fraxinus excelsior

30. Rosskastanie
Aesculus hippocastanum

31. Walnussbaum
Juglans regia

32. Eschenahorn
Acer negundo

Walnussbaum Foto: W. Willner

Bildnachweis:
Wolfgang Willner: 2-9, 11-15, 17, 18, 20, 21, 23, 24, 27, 29, 31, 35, 40, 41, 45; Helmut Baumann: 1, 16, 22, 25, 28, 33, 36, 37, 42-44, 46, 47 Gisela Tubes: 26, 30; (Wikimedia Commons): Willow 19, MPF 48, Chrumps 32, Ptelea 10, Kristian Peters 34, KENPEI 38, Besserpflanzen 39

Projektberatung und Zusammenstellung: Bruno P. Kremer

Weiterführende Literatur:
Lüder: Grundkurs Gehölzbestimmung (ISBN 978-3-494-01915-4)
Schmidt/Hecker: Die wildwachsenden und kultivierten Laub- und Nadelgehölze Mitteleuropas (ISBN 978-3-494-01800-3)

ISBN 978-3-494-01552-1
Best.-Nr.: 494-01552
www.quelle-meyer.de

9 783494 015521

QUELLE & MEYER
BESTIMMUNGSKARTEN